CONSULTATION

SUR

LES IMPOTS EXIGÉS DES CONGRÉGATIONS

EN VERTU DES LOIS

DES 28 DÉCEMBRE 1880, 29 DÉCEMBRE 1884

ET 16 AVRIL 1895

PARIS

IMPRIMERIE E. PETITHENRY

8, RUE FRANÇOIS Iᵉʳ, 8

CONSULTATION

SUR

LES IMPOTS EXIGÉS DES CONGRÉGATIONS

EN VERTU DES LOIS

DES 28 DÉCEMBRE 1880, 29 DÉCEMBRE 1884

ET 16 AVRIL 1895

PARIS

IMPRIMERIE E. PETITHENRY

8, RUE FRANÇOIS 1ᵉʳ, 8

CONSULTATION

SUR LES IMPOTS EXIGÉS DES CONGRÉGATIONS

EN VERTU DES LOIS

DES 28 DÉCEMBRE 1880, 29 DÉCEMBRE 1884

ET 16 AVRIL 1895

L'ancien avocat à la Cour d'appel de Paris soussigné, consulté par plusieurs Congrégations reconnues et non reconnues sur le caractère des impôts sur le revenu et d'accroissement exigés d'elles en vertu des lois du 28 décembre 1880, 29 décembre 1884 et 16 avril 1895, est d'avis que ces impôts sont des impôts d'exception contraires au principe du droit public français consigné dans l'article 13 de la déclaration des droits de l'homme et du citoyen servant de préambule à la constitution du 3 septembre 1791, et toujours en vigueur,...... *une contribution commune est indispensable; elle doit être également répartie entre* **tous** *les citoyens à raison de leurs facultés.*

*

L'IMPOT SUR LE REVENU EXIGÉ DES CONGRÉGATIONS EST UN IMPOT D'EXCEPTION

Il l'est à un triple point de vue :

1° A celui d'un revenu qui ne peut pas exister;

2° A celui du forfait obligatoire qui a été jugé nécessaire pour trouver le revenu qui n'existe pas;

3° A celui des personnes qu'il frappe exclusivement à toutes autres, à raison de leur état religieux.

I. — Pour rendre notre démonstration aussi claire que possible, nous avons besoin de dire un mot de la loi du 29 juin 1872, qui a créé l'impôt sur le revenu des valeurs mobilières.

L'Assemblée nationale, obligée de faire face aux charges écrasantes imposées à la France pour la libération de son territoire, après avoir rejeté l'impôt sur le revenu global comme impraticable, après avoir constaté que tous les revenus existant au moment de l'établissement du système financier qui nous régit avaient chacun leur impôt sous les noms différents d'impôt foncier, d'impôt personnel et mobilier, d'impôt des portes et fenêtres, d'impôt des patentes, etc., a trouvé un revenu tout moderne, résultant du développement considérable de l'emploi des capitaux dans l'industrie, revenu qui se produisait tout seul sans aucun travail ou effort personnel des capitalistes, par la seule force productive de leurs capitaux, l'Assemblée vota, en conséquence, une taxe annuelle et obligatoire : « 1° sur les intérêts, dividendes, revenus et tous autres produits des actions de toute nature des Sociétés, Compagnies ou entreprises quelconques financières, industrielles, commerciales ou civiles, quelle que soit l'époque de leur création; 2° sur les intérêts, produits et bénéfices annuels des parts d'intérêt et commandites dans les Sociétés, Compagnies et entreprises dont le capital n'est pas divisé en actions. »

Il n'est question ici que de Sociétés et de Sociétés de capitaux, mais nullement d'Associations.

Le nouvel impôt vise exclusivement le revenu du capital dans les Sociétés de capitaux.

Il ne frappe pas le travail atteint par d'autres impôts.

Les Sociétés en nom collectif, c'est-à-dire fondées uniquement sur la valeur personnelle des associés, en ont été déclarées affranchies par la loi du 1er décembre 1875.

Les Congrégations ne sont même pas des Sociétés de personnes comme les Sociétés en nom collectif, ce sont de simples Associations.

Pour les atteindre, les pouvoirs publics en ont fait des Sociétés comme si la loi avait la puissance de détruire la nature des choses.

Rien de plus distinct et de plus contraire que la Société et l'Association.

La Société a pour but des bénéfices à partager, l'Association a un but plus élevé.

L'article 1832 du Code civil définit la Société « un contrat par lequel deux ou plusieurs personnes conviennent de *mettre quelque chose en commun* dans le but de partager le bénéfice qui pourra en résulter ».

L'exposé des motifs du projet de loi sur les Associations, présenté à la Chambre des députés dans la séance du 16 janvier 1892, dit expressément: « L'Association ne tend pas à l'enrichissement de ses membres, elle réunit et *met en commun des efforts individuels, en vue d'un résultat indépendant de tout intérêt* pécuniaire. » Le résultat peut être, en effet, religieux ou charitable, scientifique ou littéraire, et varier à l'infini.

Dans l'Association, l'argent peut jouer un rôle comme facteur, jamais comme résultat. Les ressources qu'il fournit, quand il en reste à la fin de l'année, sont destinées à continuer et à accroître, s'il est possible, l'action de l'œuvre, sans jamais profiter personnellement à aucun de ses membres.

Une Association n'a ordinairement en caisse, en fin d'année, que le fonds de roulement strictement nécessaire à son fonctionnement pendant les premiers temps de l'année suivante, en attendant la réunion des ressources propres à cette année.

De là vient que, si la loi du 29 juin 1872 a frappé d'un impôt les bénéfices des Sociétés, elle n'a jamais atteint les Associations, quelles qu'elles fussent, parce que les Associations ne font pas de bénéfices.

Pour atteindre les Congrégations par cet impôt, il a fallu en faire des Sociétés s'interdisant de distribuer des bénéfices en tout ou en partie.

Une Société qui ne distribue pas de bénéfices et s'interdit d'en distribuer n'est pas une Société, mais une Association.

Il n'y a jamais eu de Société ne promettant pas de distribuer des bénéfices entre ses membres sous une forme ou sous une autre, à une époque ou à une autre.

N'importe, cette conception antijuridique a servi de base à l'article 3 de la loi du

28 décembre 1880. Nous y lisons : « L'impôt établi par la loi du 29 juin 1872 sur les produits et bénéfices annuels des *actions, parts d'intérêt et commandites,* sera payé par toutes les Sociétés dans lesquelles les produits ne doivent pas être distribués en tout ou en partie entre leurs membres. Les mêmes dispositions s'appliquent aux Associations reconnues et aux Sociétés ou Associations même de fait existant entre tous ou quelques-uns des membres des Associations reconnues ou non reconnues. »

La portée de cette rédaction est à remarquer. Les Sociétés qui s'interdisent de distribuer des bénéfices sont des êtres imaginaires; en les frappant d'un impôt qui ne les atteindra pas, on donne à cet impôt, pour la foule des gens étrangers au droit, et surtout au droit fiscal, les apparences d'un impôt de droit commun.

Les Congrégations, au contraire, sont des êtres réels, et l'impôt auquel on les assujettit comme rentrant dans une catégorie où elles sont seules et qui a été créée pour elles, ou plutôt contre elles, devient par là même un impôt d'exception.

Telle est la portée véritable de la disposition ci-dessus rapportée, dont les derniers termes visent uniquement les Congrégations sous la dénomination *d'Associations reconnues et de Sociétés même de fait existant entre tous ou quelques-uns des membres des Associations reconnues ou non reconnues.*

Il frappe en elles un revenu qui n'existe pas, par conséquent un revenu fictif.

Les associations n'étant pas constituées et ne pouvant pas être constituées pour faire des bénéfices, ce revenu fictif ne peut être par lui-même une source de perception pour le Trésor, parce que le néant ne produit rien.

II. — Aussi le résultat insignifiant comme recettes auquel a abouti et devait nécessairement aboutir l'application de l'impôt sur le revenu aux Congrégations détermina-t-il les créateurs de cet impôt à lui donner pour base un minimum de revenu qu'ils décrétèrent obligatoire dans l'article 9 de la loi du 29 décembre 1884 ainsi conçu : « Les impôts établis par les articles 3 et 4 de la loi du 28 décembre 1880 seront payés par toutes les *Congrégations, Communautés et Associations religieuses,* autorisées ou non autorisées, et par toutes les Sociétés ou Associations désignées dans cette loi, dont l'objet n'est pas de distribuer leurs produits en tout ou en partie entre leurs membres.

» Le revenu est déterminé à raison de 5 % de la valeur brute des biens meubles et immeubles possédés et occupés par les Sociétés, etc. »

La fiction prend désormais un corps et est écrite en toutes lettres dans un texte de loi. On l'a appelée le forfait du 5 %.

Avant d'examiner en quoi consistent généralement les fictions légales et si elles sont possibles dans le domaine de la fiscalité, il est bon d'observer que la disposition de l'article 9 de la loi du 29 décembre 1884 a été empruntée au paragraphe 3 de l'article 2 de la loi du 29 décembre 1872 où elle constitue une simple faculté et non une obligation pour le contribuable.

En effet, cette loi, après avoir énuméré dans son article premier les revenus spéciaux auxquels s'appliquerait la nouvelle taxe par elle décrétée, indique dans son article 2 les modes de détermination de ces revenus.

« Pour les actions, le revenu est déterminé par le dividende fixé d'après les délibérations des assemblées générales d'actionnaires ou des conseils d'administration, les comptes rendus ou tous autres documents analogues. »

— 6 —

« Pour les parts d'intérêts et commandites, soit par les délibérations des conseils d'administration des intéressés, soit, à défaut de délibération, par l'évaluation à raison de 5 % du capital social ou de la commandite, etc. »

Dans les sociétés dont le capital n'est pas divisé en actions, il pourrait résulter, dans certains cas, une atteinte considérable au crédit de la Société, si le Conseil d'administration était obligé de déclarer, dans un document destiné à la publicité, que la Société n'a pas fait de bénéfices ou qu'elle en a fait d'insignifiants. Dans ce cas, le Conseil d'administration peut préférer un sacrifice pécuniaire pour le payement de l'impôt à la destruction complète du crédit de la Société : celle-ci, qui périrait peut-être instantanément par la destruction de son crédit, pourra, au contraire, par un sacrifice laissé à sa libre volonté, traverser en pleine sécurité un moment de crise et revenir à un état normal de fonctionnement et de prospérité.

C'est un sentiment de bienveillance et de justice qui a dicté le paragraphe 3 de l'article 2 de la loi du 29 juin 1872.

Ce n'est pas un sentiment de cette nature qui a fait transporter du domaine de la Société dans celui de l'Association le principe de ce paragraphe pour en déduire la disposition du § 4 de l'article 9 de la loi du 29 décembre 1884, dont nous rappelons le texte : « Le revenu est déterminé à raison de 5 % de la valeur brute des biens meubles et immeubles possédés ou occupés par les Sociétés, *à moins qu'un revenu supérieur ne soit constaté.* » (1).

Le paragraphe 3 de l'article 2 de la loi du 29 juin 1872 crée si peu une fiction, qu'un arrêt de la Chambre civile de la Cour de cassation du 13 avril 1886, cassant un jugement du tribunal de la Seine du 29 décembre 1882, a décidé que la disposition contenue dans ledit paragraphe ne faisait pas obstacle à ce qu'une Société fût admise à prouver par tous les moyens légaux qu'elle n'avait pas fait de bénéfices.

Donc, la loi du 29 juin 1872, encore une fois, n'a entendu atteindre que le bénéfice, ou, en d'autres termes, le revenu réel.

Quoi qu'il en soit, la fiction d'un revenu minimum et obligatoire de 5 % a été créée par l'article 9 de la loi du 29 décembre 1884.

Est-ce une fiction admissible? Nous ne parlons pas au point de vue du fait, c'est-à-dire de l'impossibilité dans laquelle on serait aujourd'hui de trouver un bien quelconque produisant 5 % ni de la nature forcément improductive de certains biens, nous entendons rester sur le terrain du droit.

Sans doute, en droit, il y a des fictions.

Les unes, comme celles qui résultent de la représentation dans les successions ou des effets de l'adoption, ont pour but de répondre à des besoins d'affection que la nature n'a pas satisfaits, ou à une nécessité d'égalité entre descendants d'une même souche que la mort a méconnue; d'autres, comme celles qui constituent l'autorité de la chose jugée, la paternité résultant du mariage, la libération du débiteur ou l'acquisition de propriété résultant des différentes prescriptions, ont pour but d'assurer la stabilité des droits et de garantir la paix sociale.

Il y a à la base de ces fictions un sentiment honorable ou un grand intérêt social à satisfaire.

(1) La Société qui optera pour le forfait du 5 %, d'après la loi du 29 juin 1872, ne verra pas son évaluation forcée par le fixe; les Congrégations au contraire sont exposées à ce forcement.

Mais en matière fiscale, supposer à un contribuable un revenu qu'il n'a pas pour lui faire payer une taxe, c'est tout simplement une spoliation.

La spoliation devient plus odieuse encore si elle est organisée exclusivement contre une classe spéciale de citoyens à raison de leurs croyances et de leurs pratiques religieuses.

Tel est le cas du forfait de 5 % rendu obligatoire, comme on vient de le voir, contre les Congrégations, et contre les Congrégations seules.

III. — Les rédacteurs de la loi du 29 décembre 1884, pour plus de clarté, suivant eux, ont introduit dans la rédaction de leur article 9 les mots *Communautés* et *Associations religieuses* en tête de l'énumération renversée de l'article 3 de la loi du 28 décembre 1880. Ils ont paru donner ainsi à la rédaction nouvelle une étendue que ne comportait pas la première.

Cette apparence de généralité a préoccupé certains esprits qui se sont émus des dangers qui pourraient en résulter pour les associations laïques. M. Bérenger, en demandant au gouvernement, dans la séance du Sénat, du 27 décembre 1884, si la nouvelle fiscalité n'atteindrait pas ces associations, signalait notamment comme menacées :

Les Sociétés d'assistance comme les Sociétés de secours mutuels;
Les Sociétés coopératives et même syndicales;
Les Sociétés d'encouragement;
Les Sociétés d'études comme celles de géographie;
Les Bibliothèques populaires;
Les Sociétés de gymnastiques;
Les Académies;
Les Sociétés charitables;
Les Sociétés hospitalières;
Les grandes Hospitalités de nuit ou du travail;
La Bouchée de pain;
Les Orphelinats;
Les Colonies pénitentiaires;
Toutes les Sociétés amicales d'anciens élèves de tel ou tel établissement d'instruction, etc.

M. le sous-secrétaire d'État Labuze répondit après quelques explications embarrassées : « Ces Sociétés ne tombent pas sous l'application de la loi de 1880, et elles ne seront pas davantage atteintes par le projet nouveau. »

En d'autres termes, le fisc n'a jamais entendu atteindre que les Congrégations, il n'avait jamais rien demandé aux autres associations sous la loi ancienne, il continuera à ne leur rien demander sous la loi nouvelle.

L'instruction de la direction générale de l'enregistrement du 3 juin 1885, rédigée pour l'exécution de la loi nouvelle, est plus explicite encore s'il est possible.

Nous y lisons, en effet :

« En ce qui concerne les Congrégations religieuses, la modification apportée à la loi de 1880 fait désormais dépendre l'exigibilité de l'impôt, non plus du fait de la prohibition expresse ou tacite, d'une répartition individuelle des bénéfices, mais de la nature même de l'*Association* qui les réalise. Dès le moment qu'une association présente *les caractères d'une communauté religieuse*, elle est régie de plein droit par l'article 9 de la loi du 29 décembre 1884, sans qu'il y ait à rechercher si elle a été ou non reconnue, si elle poursuit un but de spéculation ou si elle se consacre à des œuvres de charité. »

Cette rédaction a son éloquence et reflète bien la progression des idées depuis la loi du 28 décembre 1880 jusqu'à celle du 29 décembre 1884.

Le législateur de 1880 essayait de justifier la taxe sur le revenu à exiger des Congrégations par la théorie de la Société qui ne distribue pas et s'interdit de distribuer des bénéfices.

Celui de 1884 ne se donne pas cette peine; dès le moment qu'une Association présente les caractères d'une communauté religieuse, elle est régie de plein droit par l'article 9 de la loi du 29 décembre 1884;....

Voilà un langage net et dépouillé d'artifice!

Cependant, pour les Associations laïques, le mirage de la Société ne distribuant pas de bénéfices paraît bon à conserver, elles ne seront atteintes qu'à deux conditions, qui ne se rencontreront jamais réunies, savoir qu'elles aient le caractère prédominant de la Société et que les statuts prohibent d'une façon absolue la distribution totale ou partielle des produits réalisés.

La circulaire poursuit, en effet :

« Il faut, pour justifier l'application de l'article, *aux Sociétés autres que les Congrégations, que l'Association ait le caractère prédominant de la Société* et que les statuts prohibent d'une manière absolue la distribution totale ou partielle des *produits réalisés*. Dès lors, les dispositions de cet article n'atteignent pas les collectivités qui n'ont *ni le but, ni la nature, ni les effets de la Société.* »

Puis suit une énumération rentrant dans celle de M. le sénateur Bérenger.

Est-ce que les Associations religieuses, est-ce que les Congrégations religieuses, liées toutes par le vœu de pauvreté, ont jamais eu le caractère prédominant de la Société? Est-ce qu'elles en ont le but, la nature et les effets?

Non, assurément.

Et alors, pour les atteindre, trois fictions sont ajoutées les unes aux autres :

La fiction de l'association devenue Société;

La fiction de la Société ne distribuant pas de bénéfice;

La fiction de la même Société faisant des bénéfices ne représentant pas moins de 5 % de son capital social et pouvant même les dépasser.

Tant de fictions ne se sont jamais rencontrées dans aucune législation pour un seul et même objet. En matière fiscale, elles sont intolérables, car elles déguisent mal un but de spoliation.

Elles ont servi à égarer un moment l'opinion.

Aujourd'hui elles sont percées à jour.

Donc, l'impôt sur le revenu n'ayant jamais dû être réclamé et n'ayant jamais été réclamé à aucune Association, est pour les Congrégations forcées de le payer un impôt d'exception contraire au principe de l'égalité de tous les contribuables devant l'impôt, principe qui est l'une des bases de notre droit public.

Ce n'est pas par conséquent un impôt susceptible d'adoucissement ou d'amélioration.

Il doit disparaître complètement de notre législation fiscale.

Sa suppression seule fera rentrer les Congrégations dans le droit commun.

II

L'IMPOT D'ACCROISSEMENT EXIGÉ DES CONGRÉGATIONS EST UN IMPOT D'EXCEPTION

Il l'est au double point de vue des fictions sur lesquelles il repose et des personnes qu'il frappe, exclusivement à toutes autres, à raison de leur état religieux.

Pour comprendre comment l'impôt d'accroissement est devenu un impôt d'exception, il importe de remonter à son origine.

Quand un associé décède, sa part dans l'actif social, à moins de clause particulière dans l'acte de Société, fait partie de sa succession et passe à ses héritiers ou légataires.

Mais les héritiers et légataires peuvent être exclus par une clause spéciale qu'on appelle la clause de réversion.

C'est une sorte de pacte tontinier ou aléatoire par suite duquel chaque associé stipule en sa faveur son accession éventuelle à la propriété de la totalité de l'actif social pour le cas où il survivrait à tous ses coassociés. Tous sont appelés, un seul sera élu.

Le décès ou la retraite d'un associé produit en faveur de ses coassociés comme une dilatation de leur droit à laquelle on a donné le nom d'accroissement.

En pratique et en jurisprudence, on a admis que l'accroissement opérait une transmission et que cette transmission était à titre onéreux, à cause de la stipulation réciproque de survie intervenue entre les contractants.

L'accroissement donnait lieu dès lors à la perception d'un droit de mutation à titre onéreux, lequel pouvait être, suivant la diversité juridique des cas, soit celui de cession mobilière ou immobilière, soit celui de cession d'actions ou parts sociales, c'est-à-dire soit 2 ou 4 %, soit 0,50 %.

Le droit de 0,50 % finit par être consacré définitivement par arrêt du 29 décembre 1868 des Chambres réunies de la Cour de cassation, lorsqu'il s'agissait exclusivement de la transmission d'une part sociale.

Rien n'était plus juridique : les associés, ne possédant rien dans les meubles ou immeubles de la société, n'avaient contre elle qu'un simple droit de créance assujetti aux droits à percevoir pour les cessions de droits incorporels.

Des religieux et des religieuses ont trouvé naturel de former entre eux, dans certains cas et à l'occasion de certains biens, des Sociétés civiles avec clause de réversion, lors de la réalisation de laquelle ils invoqueraient la jurisprudence établie en matière fiscale, afin de payer seulement le droit de 0,50 %.

Si ces religieux ou ces religieuses ajoutaient dans les statuts de ces Sociétés, à la clause de réversion, celle d'adjonction de nouveaux membres, il arrivait que, par suite de cette adjonction indéfinie, la liquidation de la Société était indéfiniment retardée et que le fisc ne voyait plus s'ouvrir les occasions où il lui était possible de percevoir, en cas de mutation, un droit supérieur à 0 fr. 50 %.

De là l'article 24 de la loi du 28 décembre 1880, ainsi conçu :

« *Dans toutes les Sociétés ou Associations* qui admettent l'adjonction de nouveaux membres, les accroissements opérés par suite de clauses de réversion au profit des membres restants, de la part de ceux qui cessent de faire partie de la Société ou Association, sont assujettis au droit de mutation par décès, si l'accroissement se réalise par le décès, ou au droit de donation s'il a lieu de toute autre manière d'après la nature des biens existants au jour de l'accroissement..... »

La loi du **28 décembre 1880** avait ainsi fait de l'impôt d'accroissement un impôt de droit commun pour les Sociétés dont les statuts réunissaient les deux clauses de réversion et d'adjonction de nouveaux membres. Ce n'était pas un impôt nouveau, le taux seulement en était augmenté.

La loi laissait aux associés la faculté de ne payer cet impôt que d'après l'ancien taux. Il leur suffisait pour cela de supprimer dans leurs statuts la clause d'adjonction de nouveaux membres dont l'existence, à côté de la clause de réversion, imprimait au patrimoine social une sorte de pérennité ajournant indéfiniment l'époque de son partage.

Ce n'était donc qu'une loi comminatoire et non une loi créatrice d'un impôt ferme, destiné à assurer au Trésor des rentrées fixes.

Les sociétaires n'étaient exposés à payer le droit d'accroissement d'après la loi nouvelle que si telle était leur convenance; ils pouvaient manifester la volonté de le payer d'après l'ancien taux, en fixant une époque pour la liquidation de leur Société par la suppression de la clause d'adjonction de nouveaux membres.

Un certain nombre de Sociétés opérèrent cette suppression afin d'échapper à l'augmentation de la taxe.

Cette suppression, considérée comme très légale dans les Sociétés composées de laïques, devint un crime pour celles dans lesquelles figuraient des religieux (1).

Certains orateurs et même des orateurs officiels accusèrent les Congrégations des fraudes et des dissimulations les plus absurdes.

La direction générale de l'Enregistrement a résumé leur pensée dans l'Instruction n° 2172 de la manière suivante : Pour éviter l'application de la loi, un grand nombre de Congrégations religieuses ont supprimé de leurs statuts *l'une des clauses requises* pour la perception du droit de mutation, *ou toutes les deux,* tout en s'assurant au moyen de diverses combinaisons les avantages que ces clauses étaient destinées à réaliser » (p. 10 de l'Instruction).

Comprenne qui pourra les combinaisons diverses assurant les avantages que les deux clauses ou l'une d'elles étaient destinées à réaliser.

La régie néanmoins n'a pas hésité à s'approprier un non-sens de cette force.

En tous cas, la suppression des deux clauses ou de l'une d'elles ne pouvait être reprochée aux Congrégations reconnues que le droit d'accroissement de la loi du 29 décembre 1880 n'atteignait pas, ainsi que la régie l'a toujours déclaré.

N'importe, c'est de tout cela qu'est sortie la disposition de l'article 9 de la loi du 29 décembre 1884 sur le droit d'accroissement, discutée en une demi-séance à la Chambre des députés et passée sous silence au Sénat.

En voici le paragraphe 1er :

« Les impôts établis par les articles 3 et 4 de la loi du **28 décembre 1880** seront payés par toutes les Congrégations, Communautés et Associations religieuses autorisées ou non autorisées et par toutes les Sociétés ou Associations désignées dans cette loi dont l'objet n'est pas de distribuer leurs produits en tout ou en partie entre leurs membres. »

Le paragraphe 2 établit le forfait de 5 % pour la perception de l'impôt sur le revenu.

---

(1) Toutes les Sociétés composées de religieux n'ont pas usé de la faculté qui leur était offerte. Nous en connaissons trois, et il y en a certainement d'autres.

D'une rédaction énigmatique, l'Enregistrement a tiré cette double conclusion que la nouvelle disposition visait les Associations religieuses indépendamment des clauses d'adjonction et de réversion, et qu'elle était applicable aux Congrégations autorisées.

L'Instruction n° 2712 porte en effet à la page 16 : « L'exigibilité du droit d'accroissement en ce qui concerne les Congrégations est donc désormais indépendante des clauses d'adjonction et de réversion. Le droit de mutation à titre gratuit est acquis au Trésor par cela seul qu'un membre de l'Association cesse d'en faire partie, qu'il s'agisse de son décès ou de sa retraite volontaire ou forcée. Il en est de ce droit comme de l'impôt sur le revenu. Il atteint toutes les Congrégations sans exception..... »

« Sous ce rapport, la loi nouvelle a une portée plus étendue que la *loi de 1880, qui laissait en dehors de son action les Congrégations religieuses reconnues.* » (Instruction, n° 2654, § 42.)

Voilà qui est clair.

Les membres d'une Congrégation reconnue ont beau n'avoir aucun droit personnel sur le patrimoine de celle-ci, ils ont beau, lors de leur sortie de la Congrégation, par décès ou autrement, ne rien transmettre aux membres restants. Ils sont censés leur transmettre une part qui sera déterminée par le nombre total des membres de la Congrégation, et sur cette part fictive, transmise fictivement, la Congrégation devra payer au fisc 11. 25 %.

Cette double fiction ici ne résulte pas incontestablement du texte comme celle du forfait de 5 % écrite en toutes lettres dans le paragraphe 2 de l'article pour l'impôt sur le revenu.

Et cependant, la Cour de cassation a cru l'y trouver dans un arrêt du 27 novembre 1889.

Si la fiction d'un revenu de 5 % est déjà un instrument de spoliation, comme nous l'avons démontré plus haut, que dire de la transmission fictive d'une part fictive dans un patrimoine sur lequel le membre sorti de la Congrégation n'a jamais eu aucun droit?

La vérité en matière d'enregistrement, c'est qu'il n'y a pas de droit proportionnel sans mutation.

Duchatel la proclamait bien haut, cette vérité, quand, en présentant au Conseil des Cinq-Cents le projet de loi qui est devenu la loi du 22 frimaire an VII, c'est-à-dire le véritable Code de l'Enregistrement, il disait :

« La Commission s'est attachée à ce principe que tout ce qui *n'oblige, ne libère,* ni *ne transmet* ne peut donner lieu au droit proportionnel..... une loi n'en mérite véritablement le titre que lorsqu'elle est fondée sur la justice et la raison. Cette vérité que je proclame ici avec confiance est rigoureusement appliquée aux lois qu'établissent les contributions. » (*Dalloz, Rep. Alph.,* v° Enregistrement.)

Il ne faut pas oublier que l'impôt d'accroissement se traduit en un droit de 11,25 %; par conséquent, c'est un impôt sur le capital.

Cet impôt se conçoit très bien pour le contribuable qui recueille le bénéfice d'un legs ou d'une donation; ce contribuable, payant sur un capital qui vient augmenter son patrimoine, paye à l'État un peu plus que la dîme de son enrichissement.

Il y aurait, au contraire, appauvrissement, spoliation et ruine pour le contribuable qui, ne recevant rien, serait obligé de prendre, pour payer l'impôt, sur son capital préexistant, et verrait ainsi son patrimoine appelé à passer, en plus ou moins de temps, jusqu'à complète absorption, dans les caisses de l'État, à raison de mutations purement imaginaires.

Telle est cependant la situation faite par la régie aux Congrégations autorisées

Quant aux Sociétés civiles dans lesquelles figurent des religieux, la clause de réversion suffira pour donner ouverture au droit d'accroissement en cas de décès ou de retraite d'un associé, alors même qu'à côté de cette clause ne se rencontrera pas dans ces statuts la clause d'adjonction de nouveaux membres.

Cette rigueur ne sera pas applicable aux autres associations.

En effet, l'instruction ajoute qu'à l'égard des Sociétés autres que les Congrégations, la loi nouvelle n'a pas modifié les conditions d'exigibilité de l'impôt.

« Il en résulte que pour les Sociétés qui ne présentent pas les caractères d'une Association religieuse, le droit n'est dû, comme sous l'empire de la loi de 1880, qu'autant que les statuts renferment simultanément une clause d'adjonction de nouveaux membres et une clause de réversion. Il faut en outre que les associés aient, sur les valeurs communes, un droit personnel qui les appelle au partage lors de la dissolution de la Société.

» L'article 9 est par suite inapplicable aux Sociétés d'assurances sur la vie ou autres Associations de même nature, ainsi qu'aux Sociétés coopératives ou fromagères, etc. » (Instruction n° 265, § 45 et 46.)

« Quant aux tontines, aux Sociétés littéraires, artistiques, agricoles, scientifiques, aux cercles et aux associations semblables, l'application de la loi nouvelle à ces Sociétés comporte les mêmes distinctions que celles qui ont été admises pour l'exécution de la loi du 28 décembre 1880. » (Instruction n° 265, § 45 et 46.)

Or, l'instruction n° 265 explique aux paragraphes indiqués que ces Sociétés payeront l'impôt lorsqu'au moyen de la combinaison des clauses d'adjonction et de réversion, elles créent ou perpétuent la mainmorte de la même manière que les Congrégations religieuses.

Le droit d'accroissement devient par conséquent un impôt d'exception :

1° Pour les Congrégations non reconnues dont les membres feront partie de Sociétés ne réunissant pas dans leurs statuts les deux clauses d'adjonction et de réversion, alors que les Sociétés laïques n'y seront assujetties comme par le passé qu'à raison de la réunion dans leurs statuts des deux clauses dont s'agit;

2° Le droit d'accroissement devient également un impôt d'exception pour les Congrégations reconnues qui payeront le droit d'accroissement cumulativement avec l'impôt de mainmorte, alors que les autres corps de mainmorte ne payent que ce dernier impôt.

Nous n'avons pas à examiner l'aggravation apportée par la régie à l'impôt d'accroissement, comme impôt d'exception, par le système de perception connue sous le nom de système de la déclaration multiple et dans lequel elle a persisté, malgré la jurisprudence contraire de la Chambre des requêtes de la Cour de cassation (Arrêt du 13 janvier 1892.) et de la grande majorité des tribunaux, jusqu'au jour où la loi du 15 avril 1895 l'ayant rendu inutile elle a reconnu dans l'Instruction n° 2882, *les excès de perception qui en résultaient et qui n'étaient certainement pas entrés dans les précisions des auteurs de la réforme de 1880 et 1884.*

Nous n'examinerons pas davantage si la loi du 16 avril 1895 n'a pas consacré les mêmes excès de perception. Nous admettons au besoin qu'elle n'a pas eu pour seul but de faciliter au Trésor des perceptions devenues impossibles, et que, par un juste calcul des probabilités, la taxe annuelle et obligatoire qu'elle a substituée au droit d'accroissement n'est pas plus lourde que celui-ci, il n'en est pas moins vrai qu'elle maintient dans notre législation fiscale un impôt d'exception qui n'y devrait pas figurer.

Ses auteurs n'ont même pas pris la peine de déguiser leur pensée en ne visant dans le texte primitif de leur projet que les seules Congrégations.

Le caractère exceptionnel de la taxe nouvelle résulte suffisamment de ces mots que nous lisons dans l'instruction n° 2882 :

« En d'autres termes, le payement de la taxe annuelle est imposé à toutes les associations régies au point de vue du droit d'accroissement par les articles 4 de la loi du 28 décembre 1880 et 9 de la loi du 29 décembre 1884, mais seulement à ces Associations. »

On sait par les explications développées plus haut que l'article 4 de la loi du 28 décembre 1880 avait fait du droit d'accroissement un impôt de droit commun, et que la loi du 29 décembre 1884 seule en a fait un impôt d'exception.

Donc, le retour au droit commun pour ce qui concerne le droit d'accroissement résulterait de l'abrogation des seules lois du 29 décembre 1884 et du 16 avril 1895, en laissant subsister la disposition de l'article 4 de la loi du 28 décembre 1880.

L'équivoque a servi jusqu'ici de pavillon aux deux impôts d'exception, sous le poids desquels gémissent les Congrégations. Cette équivoque est venue de l'emploi abusif du mot Société pour désigner des Associations. On emploie, en effet, indifféremment un mot pour l'autre, non seulement dans le langage du monde, mais encore dans celui des affaires et de l'administration. L'équivoque cessera par le rétablissement et la mise en lumière des caractères constitutifs de l'Association.

Délibéré à Paris, le 25 juillet 1897.

L.-M. DELAMARRE.

Imprimerie E. PETITHENRY, 8, rue François Iᵉʳ, Paris.

IMPRIMERIE E. PETITHENRY, 8, RUE FRANÇOIS 1ᵉʳ, PARIS.

www.ingramcontent.com/pod-product-compliance
Lightning Source LLC
LaVergne TN
LVHW051346200726
843510LV00002B/854